U0929032

上海市学校心理健康教育
黄晞建名师工作室

少儿心理健康教育漫画
系列丛书

来来的心情日记

吴晨虹◎著　何佳遥◎绘

格致出版社　上海人民出版社

亲爱的同学们，随着你们身心的发展，受到更多来自社会、家庭、学校等环境的影响，你们对老师、小伙伴们更敏感，也有了更多的关注。在生活经验不断积累的过程中，你们逐渐形成了自己的人际交往能力、认知能力、学习能力，并对未来充满期待。而日常生活中，大家常常习惯以“我喜欢……”“我讨厌……”等句型随意表达对朋友或学习的态度。怎样才能快乐生活，拥有更多的好朋友，又能轻松学习，并拥有灿烂的未来呢？这套心理健康教育漫画系列丛书，以四格或多格漫画的形式，陪伴你一起面对这些至关重要的人生命题。

我们的这套心理健康教育漫画系列丛书共分为四册，主要面向 4—9 年级的学生。主要聚焦于与你们密切相关的主题——人际交往、情绪调适、学习生活、未来发展。我们用大家喜闻乐见的漫画形式引出多样化的问题，并辅以“碎碎念”从心理角度做一些分析或给出一些积极的建议。去除复杂高深的专业心理术语外壳，希望同学们在轻松愉悦的阅读时光中得到心灵的感悟和收获。

亲爱的同学们，如果你们在阅读过程中有任何问题、感想或建议，欢迎给我们写信喔，你们的专属邮箱是 cymhxl@sina.com。听说如果你的建议被采纳，还有精美奖品呢。

好了，不影响你们的阅读时间了，祝你们的生活布满阳光，快乐每一天。

你们的好朋友：黄晞建

上海市学校心理健康教育名师

中国心理卫生协会大学生心理咨询专业委员会副主任

目 录

版块一 情绪解密——情绪的认知与觉察

怎样才能读懂别人的情绪？ 003

人有多少种情绪？ 008

情绪会带来哪些影响？ 014

心情为什么总是很低落？ 019

消极情绪一定是有害的吗？ 024

版块二 情绪探测——情绪的接纳与表达

藏起来的情绪，就消失了吗？ 031

我觉得很难过怎么办？ 036

如何优雅地表达愤怒？ 041

怎样才能不被恐惧吓倒？ 045

快乐也需要与人分享 050

版块三 情绪主人——情绪的调适与管理

怎样才能合理地宣泄自己的情绪？ 057

遇挫折、做错事，怎样提升耐挫力？ 063

面对同一件事情为什么会产生不同的情绪？ 068

心情超级郁闷时该怎么办？ 073

管理情绪的高手会每天都很开心吗？ 077

登场人物一览

来来（图①）

男，六年级。学习不理想，没有突出才艺，玩是一等大事。追追猫，逗逗狗，“坏点子”层出不穷。虽然想到作业就头疼，拖延症不断加剧，但是有时也想改变自己，为此内心感到矛盾和挣扎。

月月（图②）

来来的同班同学。性格乖巧，学习成绩很好。

学霸（图③）

来来崇拜的对象，学习成绩好，又会玩，让人羡慕嫉妒恨。

鱼蛋（图④）

来来的死党兼同桌。长相一般，学习成绩垫底，贪玩，不思进取，得过且过。

司老师（图⑤）

来来的班主任，对学生要求严格，学生犯错误时最不愿也最怕见到的人。

来妈（图⑥）

一心只要求来来学习成绩的偏执“虎妈”。

来爸（图⑦）

一个家庭妇男，“妻管严”。

版块一 情绪解密

——情绪的认知与觉察

怎样才能读懂别人的情绪?

9 月 11 日　今日心情：好奇

9月22日　今日心情：迷茫

10月18日　今日心情：忐忑

碎碎念：了解他人从读懂TA的情绪开始

世界上可能并不存在真正的“读心术”，但是我们却可以通过一些方法来了解他人的情绪、猜测其内心的想法，这就是情绪觉察。情绪觉察是情绪管理能力的一个重要方面，不仅包括了对自己情绪的感知，还包括了对他人情绪的觉察和理解。

心理学研究通过仪器检测，发现了人在情绪变化时呼吸、心血管、消化系统、内分泌等产生的生理变化。其实，即使不通过复杂的仪器我们也能够感受到情绪发生时所产生的变化。例如，兴奋时呼吸频率的加快，恐惧时额头冒出的冷汗，生气时不自觉上涌的气血，伤心时抑制不住的眼泪……这些都是你的情绪发生变化时最直观的生理反应。

如果你够敏锐且善于观察他人的面部表情，细心聆听对方说话时的语调，甚至能够留意别人的细微动作，那么你一定能够成为觉察情绪的高手。

人有多少种情绪?

11月11日　今日心情：窃喜

11 月 15 日　今日心情：不满

11 月 16 日　今日心情：沮丧

11 月 17 日　今日心情：紧张

碎碎念：人到底有多少种情绪？

人的情绪表现形式丰富多样，那么，我们到底有多少种情绪呢？关于这个问题，心理学家们也有许多不同的观点。虽然情绪的分类繁多，但基本可以分类为与生俱来的“基本情绪”和后天形成的“复合情绪”。我们通常所提到的“快乐、愤怒、悲伤、恐惧”这些与人类生存息息相关的，就是基本情绪。而复合情绪的形成就复杂得多了，是由多种基本情绪通过不同的组合方式混合而成的。

事实上，在现实生活中，我们更多情况下所体验到的都是复杂的混合情绪，即使是基本情绪，也会因为所处境遇和个体差异而产生不同程度的体验。例如：“快乐”可以是偷偷窃喜，也可以是欣喜若狂；“愤怒”可以是小小不满，也可以是怒火冲天；“恐惧”可以是紧张不安，也可以是惊恐万分；“悲伤”可以是伤心难过，也可以是肝肠寸断。因此，如果能够更敏锐地觉察自己情绪的细微变化和程度差异，就能更加充分地表达自己的内心感受。

情绪会带来哪些影响?

12月1日　今日心情：焦虑

12 月 6 日　今日心情：顺心

12月12日　今日心情：低落

碎碎念：情绪对人的影响

我们每天都会体验到各种各样的情绪，而这些情绪又会对我们产生怎样的影响呢？情绪变化会在生理上反映出来，呼吸活动的速度快慢、循环系统的活动强度、内分泌系统的活动、皮肤内血管的收缩扩张，以及植物神经系统都会因为情绪不同产生变化。例如：高兴时的呼吸活动速度要快于悲伤时的；焦虑不安会引起尿急尿频等。情绪对身体健康的影响已经被许多科学研究证实，例如，紧张、愤怒会导致血压升高，消化道问题与长期压抑、焦虑有关。

情绪也会影响人与人之间的相处。当长期处在低落的情绪状态中，会更难融入新的环境，也很难让人感受到你与人交流的积极性。愤怒的情绪则往往会使我们不由自主地对他人表现出不耐烦甚至是恶语相向，从而破坏人际关系。愉悦、兴奋的情绪更容易与人亲近。

此外，在学习过程中，情绪同样发挥着重要作用。例如，考试时过度紧张、焦虑会影响正常能力水平的发挥。又如，同学们都曾有过类似体验——当你学习自己感兴趣的学科时，会体验到愉悦，而这种愉快的情绪又会反过来作用于你对这门学科更加持续高涨的热情。相反，面对那些你不太擅长或不感兴趣的学科时如果感到厌恶和恐惧，就会降低学习积极性，最终导致恶性循环。

心情为什么总是很低落?

12 月 20 日　今日心情：无聊

12 月 25 日　今日心情：烦躁

12月29日　今日心情：低落

碎碎念：那些困扰我们的情绪乌云？

在同学们的学习生活中，时常会出现一些情绪乌云，它们隔三岔五、不知不觉地飘过头顶，控制着我们的“心情晴雨表”。

“无聊”就是其中点击率极高的一种。它不仅可以被用作没兴趣参与任何活动的“充分”理由，还仿佛可以作为彰显自己超越同学伙伴的“成熟标志”。一脸不屑一顾的表情配上“无聊”两个字，被很多同学运用得淋漓尽致，俨然一副看穿世事的样子，似乎已经没有什么能够挑动他们的情绪了。而事实上，很多时候“无聊”恰恰是对诸多负向情绪的掩饰和逃避，同时这种看似无所谓、排斥一切的态度，往往会将积极情绪拒之门外。

除了“无聊”以外，一些看似简单实则蕴含着复杂情绪的词汇也经常出现在同学们的“情绪词典”里，比如“郁闷”“烦”等。

在情绪起伏不定的青春期，那些交织错综的情绪或许很难具体地表达出来，而那些看似寻常的“不高兴”背后，可能包含的是失落、尴尬、无奈、懊恼、沮丧等更丰富的情绪体验。

消极情绪一定是有害的吗？

1月3日　今日心情：担忧

1月5日　今日心情：胆怯

来来，
新上映的恐怖片听说特别吓人。
好害怕，一起去看吧。

吓人你还去看？没事作死嘛？

可是吓人才刺激嘛～
可以练胆，还可以减压，
还可以减肥……
停！无聊，不去！

嘿嘿，
我看～～
你是不敢看吧！！！
有什么不敢的！
我只是觉得无聊而已，
没事自己吓自己。

1月11日　今日心情：紧张

碎碎念：每一种情绪都有自己的价值

人的心理活动是带有情绪色彩的，而情绪的表现形式多种多样。生活中，我们似乎更青睐那些正向情绪，如喜悦、兴奋、坦然等，而另一些则被视为消极的，从而被否定，甚至被压抑。事实上，每一种情绪都有其价值与功能，是没有好坏之分的。例如：焦虑，的确会带来压力，但适度的紧张对学习表现有一定的推动与促进；忧伤，的确容易削弱我们主动参与的兴趣与热情，但同时也能使我们能够冷静思考，从而变得谨慎；恐惧，的确会降低我们尝试与探索的欲望，但同时也能让我们对潜在的威胁与危险保持警觉；愤怒，的确会让我们变得冲动，失去理性判断，但有时也是蕴含着能量的表现，是一种自我立场与界限的彰显。

情绪，作为人的一种主观体验，能够帮助我们觉察环境、作出判断和适应性的行为。因此，我们需要觉察并接纳情绪，而不是否定情绪，更重要的是发掘并理解隐藏在情绪背后的真正需求。

——情绪的接纳与表达

藏起来的情绪，就消失了吗？

1月15日　今日心情：困惑

1月18日　今日心情：沮丧

1月22日　今日心情：憋屈

碎碎念：别让自己成为“撑破的气球”

当你感到委屈、愤怒、焦虑的时候，会怎样表现？是通过神态、语言、行为等表达出来，还是独自憋在心里？但是，那些被藏起来的情绪就真的消失了吗？我们常常会压抑一些负面情绪，却会在不知不觉中对着不相关的人或事发泄出来。

如果我们将人比作一个充气的气球，把我们感受到的各种情绪比作充入气球的气体，那么当不断向气球充气时，就好像我们不断累积负面情绪。如果不顾气球快要被撑破，仍然义无反顾地充入气体，它最终会爆裂。那么人呢？如果任由负面情绪不断累积，或者不经意地忽略它、不及时处理它的话，最终也会崩溃。所以，千万别让自己成为“撑破的气球”。情绪产生时，一味压抑，会对自己的身心造成伤害。

在人际交往中，一味忍让、委曲求全，压抑自己的真实情绪，不但换不来平等相待，也容易让人产生误解。用适当的方式表达自己的情绪，才能更真实地展现自我，有助于消除孤独感，增强自信心，与人更好地交流互动。记住：压抑情绪非上策，真实表达才有效。

我觉得很难过怎么办?

2月27日　今日心情：悲伤

3月1日　今日心情：低落

来来……来来……来来！

你今天怎么了？叫你好几遍了。
啊?！干嘛?

兄弟，让我靠一会儿。
哎呦~~你这是干嘛?
唉~

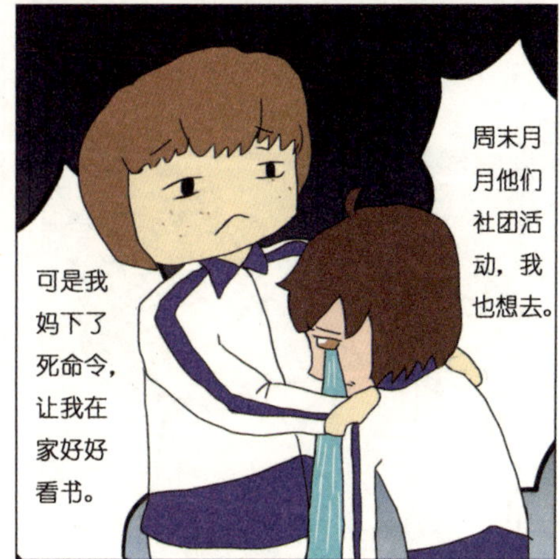
周末月月他们社团活动，我也想去。
可是我妈下了死命令，让我在家好好看书。

3月7日　今日心情：愤愤不平

碎碎念：表达出来，才会好

“情绪”的作用和意义是什么？它们的根本作用是帮助我们更好地适应社会、生存和发展。情绪的表达能够让他人了解我们的感受，并希望别人作出相应的行为改变。我们不可能只体验到积极情绪，消极情绪也有重要意义，就如愤怒会令我们充满能量、恐惧会助我们躲避危险那样，悲伤也会起到保护我们、获取帮助的作用。

悲伤情绪并不是我们想象的那样“一无是处”，许多有趣的心理学研究为我们揭露了“悲伤”的意义。例如，当你悲伤时，会更关注外部世界的新信息，会更注重事实、更具体、更系统、更可靠、更准确，也更倾向分析性的思维方式，从而做出准确的判断和推论。因此，有研究结果认为，悲伤时更具有说服力，更不容易被误导，也不容易受骗。

悲伤的时候，你会怎么做？是独自隐忍，还是找人诉说，又或是其他的方式？其实，如果你最近情绪状态并不太好，那么不如给沉溺悲伤中的自己一个宣泄的机会。找个让自己感到安心、安全的环境，放肆地大哭一场，也是一个不错的选择。不要觉得哭泣是一件很丢脸的事情，无论男生还是女生，都不要把眼泪简单看作脆弱的象征，有时候它也具有一定的治愈作用。大哭一场的过程可能会让你感觉无力，但也有一种情绪疏导的力量，会引起积极的情绪变化。悲伤，也让我们有机会更好地沉下心来，感受生命的重量，给予我们重新认识自己和自我成长的机会。

如何优雅地表达愤怒?

3月15日 今日心情：烦躁

3月28日　今日心情：烦躁

碎碎念：愤怒也能优雅地表达

生活中，我们常常会把“愤怒”视为一种坏情绪，因为它总是与破坏、攻击联系在一起，让我们变得不理智，不像自己。甚至有时我们会在“生气是不应该的”“不可以生气”这样的想法的影响下，克制、压抑愤怒。其实，愤怒作为一种正常的情绪反应，也是有其价值与功能的，它和其他情绪一样都是为了帮助我们更好地适应。

我们之所以容易排斥愤怒情绪，往往是因为伴随它而来的强烈的或极端行为表现所带来的不良印象。事实上，愤怒所带来的负面影响，往往来自肆意发泄，或是压抑愤怒，以及借助愤怒掩饰或回避其他真实情绪的表达。然而，很多时候愤怒情绪其实是出于自我保护的需求。例如，当我们遭到不公或侮辱时，就会产生愤怒的情绪，以对抗的行为，阻止伤害继续，从而维护自尊。“挫折—攻击”理论则认为愤怒这样的消极情绪大部分源自我们所遭受的挫折。由于我们没能找出合理的原因和解决方法，因此，通过愤怒、攻击的方式，表达所体验到的挫败感。

所以，面对愤怒情绪时，我们不应去否认甚至压抑它，也不应该一味埋怨、指责、攻击自己或他人，而是应该充分接纳这种情绪体验，并通过积极的方式合理宣泄，坦诚表达愤怒。

怎样才能不被恐惧吓倒?

4月1日　今日心情：恐惧

4月6日　今日心情：焦虑

鱼蛋，你在
念叨什么啊？
一定要过啊，
一定要过啊……

来来，下节课要发月考卷了，你不紧张吗？
紧张什么？

万一你又垫底，你妈又得爆发；万一垫底，
月月怎么看你；万一垫底，你还想……

特优生
成绩排名
停！你说的我
也开始紧张了……
快来和我一起祈祷。

4月10日　今日心情：担忧

碎碎念：恐惧并不可怕

在学习生活中，你会因为什么而感到害怕呢？是为即将到来的考试或是马上要公布的成绩而紧张焦虑，还是为朋友的矛盾、同学的疏远、老师的批评、父母的争吵而担忧不安？通过相关研究和许多咨询案例，我们发现，令青少年感到恐惧的内容，往往与学习、人际关系、危险、伤害和未知事物有关。

那么究竟什么是恐惧呢？相信很多同学有过类似的体验：在课堂上，老师提出了一个你并不擅长或者根本不知道答案的问题时，你会心跳加速、手心冒汗、悄悄低头，绝不敢与老师有眼神接触，并在心里祈祷“别叫我的名字……”。其实，你所感受到的紧张，就是一种恐惧情绪。

恐惧，作为人的一种基本情绪，是个体适应能力的主要表现之一，是对来自现实和想象中的威胁的正常反应。它使人提高警惕、保持警觉，从而躲避危险和不安全因素。然而，恐惧同样具有两面性。它虽然能够起到警示我们远离危险、保护自己的作用，但是如果过度焦虑或是长期沉浸在恐惧的情绪之中，则会给我们带来不良的影响，会降低我们的积极性，出现回避和消沉的状态。例如，考试前的过度焦虑，考试时的过度紧张，都可能会阻碍自己在考场中发挥正常能力水平。所以，当我们感觉被学习或生活中的焦虑情绪压得有些喘不过气的时候，应当适当学会放松自己。要知道，心理学实验结果告诉我们，一般人所忧虑的事情有 92% 并未发生，即使剩下的 8% 也是能够应付的。但是当我们对未来没有充分把握的时候，忧虑也是一种正常的情绪，我们可以正确评估自己所担忧、恐惧的是什么，并设想即使最坏的结果来临，你能采取的应对行动以及可以求助的支持。你的准备越充分，能掌控的越多，也就越有信心直面恐惧。

快乐也需要与人分享

4月15日　今日心情：困惑

4月23日　今日心情：喜悦

碎碎念：我的心情，让人懂

愤怒、悲伤、焦虑、恐惧、不满、烦躁……说到消极情绪，似乎我们的感受更频繁、更丰富。但是，积极情绪呢？很多时候我们能想到的就是“快乐”。事实上，我们所能体会到的积极情绪远比“快乐”更丰富多彩，而这些精彩的积极情绪却被简单而笼统地指代和模糊掉了。

积极心理学为我们揭示了各种不同类型的积极情绪，例如喜悦、感激、宁静、兴趣、希望、自豪、逗趣、激励、敬佩、爱……你有没有发现，当我们用更加具体的词汇描述这些积极情绪的时候，它们所带给你的惊喜与收获，远比我们通常所表达的“快乐”丰富得多。

积极情绪的产生和我们思考问题的方式有着直接关系，它往往发生在不经意间，所以很难捕捉，甚至稍纵即逝。有时候我们试图去解释、分析为什么会有这样好的感觉的过程，反而削弱和破坏了积极情绪。因此，我们要做的不是分析积极情绪的成因，不是去思考怎么可以创造积极情绪，而是充分地沉浸、享受、品味那些美好的感受，例如：收获比期待更多所带来的喜悦；真诚地赞赏和感激别人的付出；在忙碌一天后的片刻宁静；满怀好奇地尝试一些新鲜有趣的活动；意想不到的令人发笑的片段；鼓舞且温暖人心的激励；发自内心的由衷敬仰之情；充满温馨的爱的瞬间……这些美好的积极情绪都值得我们去发现、去感受、去表达、去回味。

并且，当你习惯于这样的积极思维时，便会产生良性循环。你不但能够激发自己内心的积极情绪的力量，也能够影响他人或受到他人积极情绪力量的影响，而这种彼此间积极力量的互动，将会发挥出更大的能量。

版块三 情绪主人

——情绪的调适与管理

怎样才能合理地宣泄自己的情绪？

4 月 30 日　今日心情：诧异

5月10日　今日心情：压抑

5月15日　今日心情：热血

碎碎念：合理宣泄情绪，有益身心健康

愤怒、委屈、不满、悲伤、恐惧……当消极情绪产生的时候，我们该怎样做呢？是将满腔怒火压抑心中，还是将满眼泪水强咽腹中，背着“沉甸甸的包袱”上路，任由这些情绪的负面影响积聚、弥漫，伤害自己与他人？要知道，消极情绪并不是由我们的经历和遭遇直接引发的，很多时候是由我们看待问题的方式造成的。在之后的探讨中，我们会重点来讨论怎样通过改变我们的思维方式来培养积极情绪。但在这之前，我们可以先尝试通过一些方式让自己的消极情绪降低，忘掉烦恼与不快。

这个时候，情绪的宣泄就显得尤为重要，但是宣泄并不是任意而为、肆无忌惮的，例如伤害自己的身体或将伤害施加于他人，包括言语和肢体上的，又或者是不停地抱怨，使不满的气氛传递、弥漫……这些偏激而极端的方法，只是看似让你得到了暂时的发泄，但实际上不仅起不到情绪调节的作用，反而会带来更加可怕的影响，惩罚自己或是殃及他人。

情绪的宣泄应该是合理的，遵循一定的原则的，这样才能起到有效的情绪调节作用，平和心情，降低你的消极情绪。我们可以选择一些自己喜欢的运动，如慢跑、打球、游泳等，在挥汗如雨中让情绪得到释放；可以选择一个空旷且相对安静的场地，肆意高歌或放声高喊；也可以找一个私密且能让自己感到安全的环境，放肆忘我地大哭一场；还可以到专业的心理宣泄室，在心理咨询师的指导下释放情绪。我们的同学也会有自己的好方法，例如选择自己喜爱的毛绒玩具和柔软的枕头进行“击打”，或是把自己的不愉快写在纸上，然后撕掉扔进垃圾桶……这些都不失为合理宣泄情绪的好方法。

无论你选择什么样的情绪宣泄方式，请记住以下三原则：不伤害自己，不伤害他人，不破坏“环境”（包括公共财物设施设备以及人与人之间的关系和氛围）。这样就能达到释放、降低消极情绪带来的压力的效果。

遇挫折、做错事，怎样提升耐挫力？

5月18日　今日心情：低落

5月21日　今日心情：受伤

5月24日 今日心情：沮丧

碎碎念：积极面对，海阔天空

“积极心理学之父”马丁·塞利格曼提出了幸福理论的五个元素之首，即“积极情绪”，它并不仅仅是让人感受到愉快，更重要的是，它能够为我们今后的生活、人生的成长不断扩展和建构持久的心理资源。有了积极情绪，可以让你发现新的可能，从挫败的低谷中恢复能量，变得坚韧和顽强，使自己呈现出更好的状态。

挫败难免会给我们带来消极情绪，但是我们可以通过发现自己内心积极情绪的源泉，并及时控制消极情绪所带来的负面影响，从而恢复过来。积极心理学的研究发现，坚韧能够帮助我们对抗抑郁，加快心理成长、强大的脚步。面对压力和挫折，具备坚韧性格的人会应对得更出色。而一个人是否具备坚韧性的关键差异就是其积极情绪。因此，坚韧与积极情绪是相互促进的。

那么，我们怎样激发出积极情绪的正向能量，以坚韧之心去应对挫折的考验呢？开放的心态、积极的生活态度和方式、对新知识的好奇与渴求、对爱与支持的感恩之心……都有助于积极情绪推动韧性的构建，从而化解消极情绪的负面影响，使你拥有更开阔的视野来看待事物，有更积极的思维方式分析问题，发现并欣赏失败或挫折中有意义、有价值的东西。

面对同一件事情为什么会产生不同的情绪?

5月28日　今日心情：淡定

6月4日　今日心情：迷茫

哈，来来，
你看，我59，比你高一分，
这次不用垫底啦！
59

哈哈哈
月月，你为什么不高兴呀？
我比学霸低了两分。

学霸你为什么每
次都能考一百？
这很简单啊。
……可学霸是……满分……

还是我最淡定。

6月6日 今日心情：侥幸

成绩排名
来来，考成这样，
你怎么还乐呀？

成绩排
当然高兴啦，
我这次进步了一名啊！

成绩排名
可是……来来，
我们班有个同学
转走了……

碎碎念：想法变一变，心情大不同

究竟是什么掌控了我们的心情？是“事件”“他人”或是“环境”？在现实生活中，我们很自然地把自己的情绪视作一种理所当然的自动反应，而忽略了情绪发生过程中的其他可能，从而被情绪所控。但是，如果你细心观察，就会发现，面对同样的事情，不同的人会有不同的情绪、行为表现。如果情绪都是被动发生的，那又为何会不同呢？事实上，情绪是我们的主动选择，当我们面对事件时，是我们主动选择了某种情绪，只是这种选择由于习惯已经在不经意间发生了。

经过心理学的研究，认知对情绪的作用已被反复论证并广泛应用。美国心理学家埃里克森所提出的情绪 ABC 理论为我们揭示了情绪产生的过程，A 指诱发事件，B 指信念（对事件的看法与解释），C 指情绪和行为结果。通常我们会认为，诱发事件 A 直接导致了情绪和行为结果 C 的发生，而事实上真正起作用的并不是事件 A 本身，而是信念 B 对事件 A 的看法与解释，因而引发了 C 情绪体验与行为的发生。消极情绪和行为并不是由事件直接引起的，而是由于我们对事件不正确的认知和评价所产生的非理性信念所引起的。这就解释了同一时间、同一情境下，为什么不同的人会有不同的情绪体验——源于他们对事件的不同想法和解释。不合理的信念会导致消极情绪产生，如果任由这些非理性的思维方式自然发生，任由自己对此习以为常，就会使个体经常陷入消极情绪的困扰。

因此，我们要了解，面对同一事件可以有不同的想法，理解的角度不同，反应也会不同。我们要多练习用积极的想法来替代消极想法，当我们可以主动选择另一种解释方式时，就能够获得不一样的心情，就有机会成为情绪的主人。

心情超级郁闷时该怎么办?

6月8日　今日心情：忧郁

6月12日　今日心情：郁闷

：别让自己成了负面情绪的垃圾箱

面对同样的境遇，为什么不同的人会有截然不同甚至完全相反的表现？你可以满腹抱怨、忧心忡忡，也可以坦然处之、从容应对，选择权其实在我们自己手中。而造就不同结果的原因，就是积极情绪。有时候，我们似乎有些迷惑，所以搞错了其中的因果。我们时常会认为，是因为那些人事事顺心、身体健康，所以才能拥有积极情绪。实则不然，相反，恰恰是因为他们所拥有的积极情绪所激发出的能量，才使他们的生活幸福而圆满。

积极情绪能够促使我们的心灵和头脑得以敞开，让我们更愿意去接受新鲜事物，更富有创造力。它也可以帮助我们突破原始而狭隘的心理定向，充满好奇心和探索欲，有意愿和勇气去发现新的挑战，学习新的知识和新的技能，构建新的关系，从而实现

新的生活方式。

如果整日深陷于消极情绪的泥潭，你会感到身体僵硬、胃部不适、头脑迷糊、血压上升、面部紧绷，身边的人会显得如此不顺眼。而积极情绪则会带给你好的状态，自然而然地改变你的思维方式，有效抑制消极情绪，潜移默化地影响你的未来。最关键的是，提高积极情绪是可以通过我们的努力实现的，在每天生活的点点滴滴中，去积累、去发现、去感受。

管理情绪的高手会每天都很开心吗?

6月15日　今日心情：失望

6月19日　今日心情：假装淡定

碎碎念：成为真正的情绪管理达人

积极心理学的领军人物、最杰出的积极情绪研究者芭芭拉·弗雷德里克森曾在《积极情绪的力量》一书中提到："消极情绪让我们得以活到今天，而积极情绪让我们活得更好。"这或许是对积极、消极情绪的作用最直观的描述了。她还向我们提出了积极情绪与消极情绪合理配比的建议，不是说都只能体验积极情绪，而彻底排斥消极情绪，这本身就是完全不可能实现的，也是违背人性的。我们要做的只是尽可能地减少消极情绪的产生和影响，充分发挥积极情绪带来的正向力量。那么，两者的合适比率是多少呢？积极心理学给我们的建议目标是积极情绪与消极情绪之比为3:1。也就是说，如果你遭遇了一次消极情绪的打击，需要通过三次积极情绪的体验，让自己重新恢复和振作起来。积极心理学研究发现，这个比率的奇妙之处在于，如果你可以在一段时间内让自己体验到的积极与消极情绪达到或超过这一比值，就已经将自己的情绪状态维持在一定平衡水平上了，你也不需要去刻意回避或压抑某些情绪了。

我们知道，消极情绪的产生无法避免，那么怎样才能减少它呢？我们可以通过改变那些令你产生消极情绪的要素等方法来达成这个目标。最重要的是怎样增加你的积极情绪。例如：在紧张的生活中，偶尔放慢你的脚步，用心发现并感受一下生活中美好的细节；真诚地表达自己和对待他人；想一想你所拥有的；畅想你的未来；发展你的优势；享受与家人一起的乐趣；感受自然的美好……其实，拥有积极情绪的方法很多，只要你愿意去尝试，就有机会发现更多积极的事物，通向更美好的未来。

图书在版编目(CIP)数据

来来的心情日记/吴晨虹著;何佳遥绘. —上海:
格致出版社:上海人民出版社,2018.10(2020.6重印)
ISBN 978-7-5432-2911-2

Ⅰ.①来… Ⅱ.①吴… ②何… Ⅲ.①情绪-自我控制-青少年读物 Ⅳ.①B842.6-49

中国版本图书馆CIP数据核字(2018)第168540号

责任编辑 程筠函
装帧设计 人马艺术设计·储平

少儿心理健康教育漫画系列丛书
来来的心情日记
吴晨虹 著 何佳遥 绘

出　　版 格致出版社
上海人民出版社
(200001 上海福建中路193号)
发　　行 上海人民出版社发行中心
印　　刷 常熟市新骅印刷有限公司
开　　本 787×1092 1/24
印　　张 3.75
插　　页 1
字　　数 36,000
版　　次 2018年10月第1版
印　　次 2020年6月第2次印刷
ISBN 978-7-5432-2911-2/B·35
定　　价 35.00元